大開眼界小百科

世界民族大不同

新雅文化事業有限公司
www.sunya.com.hk

大開眼界小百科
世界民族大不同

作者：朱麗亞‧卡蘭德拉‧博納烏拉（Giulia Calandra Buonaura）

插圖：亞哥斯提諾‧特萊尼（Agostino Traini）

翻譯：陸辛耘

責任編輯：趙慧雅

美術設計：何宙樺

出版：新雅文化事業有限公司

香港英皇道499號北角工業大廈18樓

電話：(852) 2138 7998

傳真：(852) 2597 4003

網址：http://www.sunya.com.hk

電郵：marketing@sunya.com.hk

發行：香港聯合書刊物流有限公司

香港新界大埔汀麗路36號中華商務印刷大廈3字樓

電話：(852) 2150 2100

傳真：(852) 2407 3062

電郵：info@suplogistics.com.hk

印刷：中華商務彩色印刷有限公司

香港新界大埔汀麗路36號

版次：二〇一七年七月初版

ISBN:978-962-08-6867-2

© 2010 Franco Cosimo Panini Editore S.p.A. – Modena - Italy
© 2017 for this book in Traditional Chinese language - Sun Ya Publications (HK) Ltd.
Published by arrangement with Atlantyca S.p.A.
Original Title: Popoli Del Mondo
Text by Giulia Calandra Buonaura
Original cover and internal illustrations by Agostino Traini
18/F, North Point Industrial Building, 499 King's Road, Hong Kong
Published and printed in Hong Kong.

嘿！你準備好跟我一起去旅行了嗎？

在這趟旅程中，我將帶你遊覽多個國家，認識不同國家的地理環境、歷史、文化、人們的生活方式、節慶活動、特色美食，還有聽聽一些奇聞異事和傳說。我們先走進墨西哥，感受當地的熱情，然後前往非洲來個歷奇之旅。接著，讓我們揭開阿拉伯的神秘面紗，再一起認識美妙的俄羅斯，當然少不了踏足中國，了解我們的祖先遺留下來的歷史文化，還有印度、日本和澳洲。就讓我們一起走遍東南西北，向世界出發吧！

如果你覺得我的講解有些複雜，那就請你仔細看看插畫，你會發現一切都變得容易許多。為了幫助理解，我還把難懂的詞語變成了紅色：如果你遇到這樣的詞彙，而你不知道它的意思，就請翻到「詞彙解釋」這一頁上去尋找答案。

另外，在看完每一章後，我們都可以稍作休息，利用每章末尾的圖或提示文字回顧一下旅程中的一些重點。

祝你旅途愉快！

目 錄

 # 墨西哥人

在茂密的叢林裏，有一座又高又陡峭的金字塔格外顯眼。循着金字塔向上望，你可以看見一座古老的廟宇，還有四周奇異的雕塑。

嘿！歡迎來到墨西哥！你正在參觀的，是迷人的瑪雅城市奇琴伊察。它可是世界上最珍貴的考古場所之一呢！

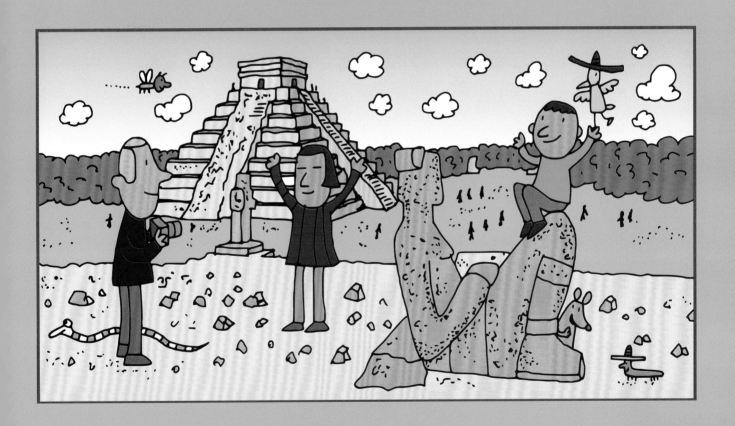

你想了解更多關於墨西哥這個國家嗎？趕快翻到下一頁看看吧！這個神奇的國度正等着你！

早在公元前1500年，瑪雅人就開始在墨西哥定居了。瑪雅人是印第安人的一個分支，這個民族是天生的建築師，除了築起一座座雄偉的石頭金字塔之外，他們還在很久之前就建造了一個天文台，專門用來研究星空。

　　後來，阿茲特克人來到了這片土地。他們在一個湖上建起了自己的都城 —— 特諾奇提特蘭。據說，當年宏偉壯觀的廟宇和塔樓四處可見，而且全都覆蓋着金子呢！

　　公元1521年，西班牙人也來到了這裏。當時的阿茲特克國王是蒙特蘇馬二世，他認為這些西班牙人是神，於是在都城熱情地招待了他們。誰知，對方竟趁機向這裏的印第安人發動襲擊。西班牙人把這座都城夷為平地，又在它的廢墟上建立起一座新的城市 —— 墨西哥城，也就是今天墨西哥的首都。

古老的天文台

羽蛇神

羽蛇神是墨西哥最重要的神之一。顧名思義，羽蛇神就是一條長滿了羽毛的蛇。傳說中，羽蛇神不僅創造了人類，還發明了曆法，並為人類帶來了玉米，所以深受當地印第安人的尊敬和崇拜，他們認為羽蛇神是與種植農作物、豐收有關的。

據說，只要有羽蛇神出現，土地不需要照料也能開出花朵、結出果實，而種出來的玉米更是大得能壓垮一個男人的肩膀，真是令人難以置信！

貓頭鷹告訴你

相傳，蒙特馬蘇國王二世給他的敵人下過一道可怕的詛咒：只要他們吃下當地的食物，就會立刻衝向廁所！直到今天，有些去墨西哥旅行的遊客會因為這個傳說而膽戰心驚！

墨西哥在中美洲佔有重要地位。它和附近的幾個國家一起，連成一條長長的陸上橋樑，將北美洲和南美洲連在一起。

中美洲居民的祖先有一部分是印第安人，還有一部分是在十六世紀以殖民者身分來到這裏的西班牙人。因此，墨西哥人大多說西班牙語，當然，還有其他方言。你能想像得到嗎？這些方言加起來超過六十二種！

墨西哥的地形以高原和山地為主，還有許多座火山，其中的幾座直到今天還相當活躍。而馬德雷山脈是墨西哥最重要的山脈，把墨西哥高原圍在中間。墨西哥最長的河流是格蘭德河，它的長度足有三千零三十四公里！

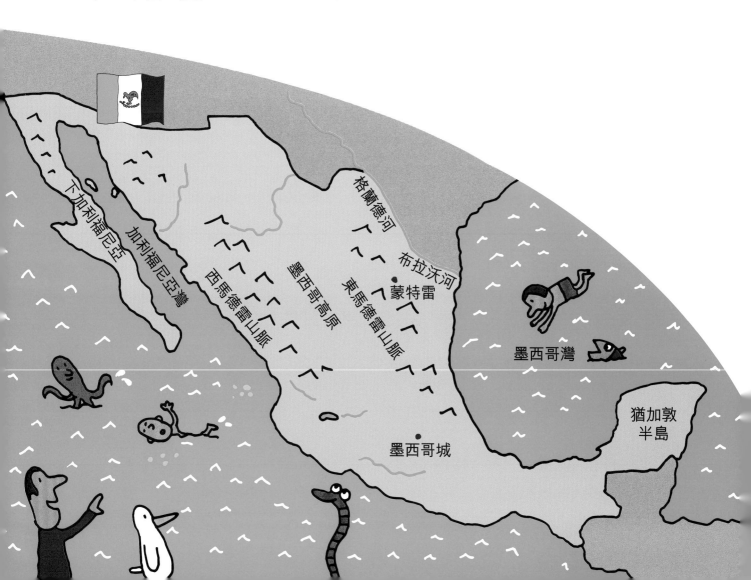

下加利福尼亞

加利福尼亞灣

西馬德雷山脈

墨西哥高原

東馬德雷山脈

格蘭德河

布拉沃河

蒙特雷

墨西哥灣

猶加敦半島

墨西哥城

墨西哥叢林

巨蟒

在墨西哥可找到大約兩萬種動物，可以說它是世界上物種最豐富的國家之一。在這些動物中，爬行類佔了約七百種，哺乳類有四百多種，兩棲類則有約三百種。

叢林裏有美洲虎、貘（粵音莫）、犰狳（粵音求余）和猴子，湖裏則有鬣蜥（粵音獵式）、鱷魚和烏龜。在爬行類動物中，最驚人的莫過於巨蟒 —— 牠的長度能達六米！至於鳥類，最奇異的應該要數小巧玲瓏的蜂鳥，以及體形龐大、毛色豔麗的綠咬鵑。綠咬鵑生活在恰帕斯的森林裏，雄性綠咬鵑有一條接近一米長的尾巴，長着一身金綠色的羽毛，唯獨胸口部分是紅色的。以前人們認為綠咬鵑是很珍貴的鳥，所以只有國王和祭司的服裝，才可以用牠的羽毛來裝飾呢！

貓頭鷹告訴你

在墨西哥，兩個地方雖然只相隔幾百公里，但氣溫卻可以相差好幾十度！例如在契瓦瓦州，氣溫會低至攝氏零下二十度，而在索諾拉沙漠，氣溫有時甚至會超過攝氏四十五度！

墨西哥人喜歡舉行聚會和慶祝活動，當中尤以宗教節日最為熱鬧。每到這時，墨西哥人就會穿上華麗的服裝，盡情地轉圈起舞。他們還會放煙花，又舉辦市集，售賣各式各樣的食品和飲料。

至於孩子們的生日聚會，自然不能缺少著名的「皮納塔」！它是一個用紙糊成的玩具，可以是星星、動物或者是水果的形狀，裏面裝滿了各種玩具、甜點或者水果，並有一根繩子吊起來。孩子們必須蒙上眼睛，然後輪流用一根棍子去敲打它。只要將它敲碎，就會有好多好多的禮物掉出來呢！

皮納塔

彈奏小夜曲

你知道嗎？墨西哥人可是一個相當浪漫的民族！無論在城裏，還是在鄉間，你都能看見小伙子穿着掛滿銀飾的緊身衣，頭頂闊邊帽，在街上對着心愛的姑娘彈奏情歌……要是還有吉他伴奏，那就真的成了一首優美動聽的《小夜曲》呢！

貓頭鷹告訴你

手工編織是印第安人的一項古老技藝。每個地區都有自己典型的裝飾圖案，所以，只要根據地毯上的花紋和顏色，再加上織布人本身的服裝，就有可能推測出他來自哪個地區。

墨西哥的美食結合了印第安菜與西班牙菜的傳統特色。前者辛辣無比，後者則非常重視就地取材。所以，墨西哥菜的主食取自當地種植的糧食，例如玉米和米飯，吃的時候再加上一點肉和紅辣椒，並倒上辣椒醬。最有名的墨西哥菜是塔可（Taco）和玉米捲餅（Burrito），它們都是用玉米粉做成餅皮，在熾熱的磚頭上烤熟的，還可以跟肉、蔬菜、芝士、豆和辣椒等材料包在一起吃。

至於飲料，最流行的是一種叫「特基拉」（Tequila）的烈酒，或稱作龍舌蘭酒，以及一種叫「普羅科」（Pulque）的啤酒。早在瑪雅時代，當地人就已經開始釀造這種啤酒了。它的原料是一種叫龍舌蘭的植物，而這種植物，長得往往比人還要高！

龍舌蘭與普羅科

　　馬鈴薯、番茄、香草（Vanilla，又叫「雲呢拿」）、花生，甚至是可以做成巧克力的可可豆，都是源自墨西哥。據說，就是那位羽蛇神把可可豆種子贈送給瑪雅人的。而且在很早的時候，當地人把可可豆做成飲料，獻給天神享用，所以當地人都把巧克力稱為「神的食物」。

　　後來，人們發現，巧克力還有驅散疲勞、補充能量的功效。於是，他們在可可豆中加入香草和辣椒來調味，或是把它和玉米粉還有蜂蜜混合在一起。慢慢地，可可飲品就風靡全世界了。

貓頭鷹告訴你

　　在玉米的故鄉特瓦坎山谷，當地的農民依然使用當年由西班牙人引入墨西哥的工具 —— 木犁來翻鬆泥土。

現在就讓我們立刻出發，去墨西哥體驗一下吧！
請你根據下面的行程說說看。

1 先準備一張
行程表，然後
把你需要的東西都
裝進行李箱。

2 你可以去墨西哥灣
或加勒比海游泳，潛
到水裏欣賞熱帶魚，
或者挑戰驚險又刺激
的衝浪！

3 你可以參觀瑪雅和
阿茲特克的遺跡，
就像一名考古學家
那樣！

16

④ 你可以進入叢林，探望猴子，還有穿着五顏六色衣服的蜂鳥。

早上好！

⑤ 你也可以去參觀一座特色村莊，看看當地人是怎樣生活的。如果可以，就用當地語言跟他們打聲招呼，或是買些手工製品，留作紀念。

⑥ 你還可以品嘗當地的特色美食，例如塔可和玉米捲餅！

詞彙解釋

印第安人 居住在美洲地區的原住民,擁有多個分支,歷史悠久。瑪雅人和阿茲特克人都屬於印第安人。

殖民者 征服一個原本不屬於自己的國家,並強制施行本國法律的人。

犰狳 一種哺乳類動物,生活在美洲,腦袋和身體都有甲殼保護,像戴上了盔甲。這層盔甲是由骨頭和鱗片組成的,分為三部分。萬一遇到危險,牠們就會蜷縮成一個堅硬的圓球。

恰帕斯 位於墨西哥南部的一個州,景點多樣,例如有瑪雅遺址,有壯觀的峽谷和瀑布,還有住了很多猴子的茂密叢林。

歡迎來到恰帕斯

闊邊帽 富有西班牙和墨西哥特色的帽子,帽沿很寬,很適合用來遮擋墨西哥當地強烈的陽光。

塔可 又叫墨西哥夾餅,也就是用玉米粉做成的薄餅,鋪上各種餡料,例如肉、蔬菜、芝士等,然後把餅皮對摺成U形,夾住餡料,便可食用。

非洲人

在熱帶草原上，有各種動物神出鬼沒，有一望無際的天空，還有這世上獨一無二的黃昏暮色……

這裏就是非洲，一片充滿了刺激、驚喜和神秘的大陸！它曾經孕育許多文明，而其中一些，直到今天還鮮為人知。這些民族的文化和歷史，神話與傳奇，讓人展開無窮的想像。非洲的大草原，吸引了無數探險家，乘坐吉普車，勇闖這片神秘又刺激的土地。

你想了解更多關於非洲這個地方嗎？趕快翻到下一頁看看吧！你一定會喜歡這個歷奇之旅！

在非洲剛果，流傳着這樣一則神話：

有一天，天神奔巴（Mbombo 或稱 Bumba）的肚子突然疼得厲害，使他一下子就把太陽、月亮和星星吐了出來。就這樣，太陽照亮了大地，並使河水蒸發，變成了雲朵。同時由於水位下降，山丘也跟着現出了輪廓。

奔巴的肚子接連疼了好幾天，使他又從嘴裏陸續吐出了樹木、動物、一個男人、一個女人、流星以及閃電。可是，閃電的脾氣實在太糟糕了，總是不停地惹麻煩，所以，奔巴就決定把它趕回天上。最後，他把火種交給了人類，並教會他們如何使用。

在一些非洲民族眼中，這就是世界的起源了。

非洲傳説中的角色

格里奧講故事

神話是非洲文化的一個重要部分。在大大小小的村落裏，格里奧（Griot）擁有相當巨大的影響力。事實上，「格里奧」是一種職業，類似說書人，負責講述代代相傳的故事。更確切地說，他們是在「表演」，因為在說故事的時候，格里奧常常變換語氣，還通過不同的手勢和動作吸引觀眾的注意力。而且，他們總是一邊說唱，一邊彈奏獨特的樂器，從而營造出一種特殊的氛圍。

對非洲人來說，傳說並不只是用來消遣的，它還有一個重要的目的 —— 教育年輕人。傳說的主題總是和土地緊密相連，而這些故事裏的動物主角，往往都被賦予不同的性格：例如斑鬣狗代表愚蠢，而獅子則象徵專橫。

貓頭鷹告訴你

格里奧彈奏的特色樂器中，有一種叫做「科拉琴」。它是由半個被挖空的葫蘆做成的，外面還覆蓋了一層牛皮。琴箱連着琴頸，琴頸上有二十一根弦，只要輕輕撥動，就能發出類似於豎琴的聲音。

非洲是由一片廣闊而四面環海的大陸，以及由附近多個島嶼組成的。在非洲，面積最大的國家原本是蘇丹，但自2011年蘇丹分裂成兩個國家之後，阿爾及利亞就成為當地面積最大的國家；而面積最小的國家則是東海岸附近的塞席爾羣島。

乞力馬札羅山是非洲一座著名的死火山，海拔五千八百九十五米，有「非洲屋脊」的稱譽。它位於坦桑尼亞境內，山頂終年積雪。

非洲還有一座大型的島嶼，名叫「馬達加斯加」，是世界上第四大島。其餘重要的島嶼包括馬德拉羣島（隸屬葡萄牙）、加那利羣島（隸屬西班牙）、維德角以及桑吉巴島。

而尼羅河是非洲的主要河流，它也是世界上最長的河流（約有六千六百七十一公里長！）。其餘重要的河流包括尼日爾河與剛果河。

大猩猩和黑猩猩

在非洲大陸最北方，有全世界最大的沙漠
—— 撒哈拉沙漠，面積超過九百萬平方公里！

往下一點，你能看見一片廣闊無邊的熱帶大草原，很多肉食性動物就居住在那片草原上，例如獅子、花豹、獵豹。當然，那裏也有草食性動物，例如長頸鹿、大象、犀牛、水牛、角馬、斑馬、小羚羊和羚羊。還有鳥類如鴕鳥和禿鷹等。在赤道地區，尤其是剛果盆地，覆蓋着大片熱帶雨林 —— 那可是大猩猩和黑猩猩的家園。另外，在沿河地帶，你還能看見河馬與鱷魚。

貓頭鷹告訴你

非洲猢猻樹，又稱猴麵包樹，是熱帶草原上的典型樹木，也是非洲的象徵之一。它的樹幹又粗又壯，頂部的樹枝橫向伸展，看起來更像是樹根，整棵樹就像倒插的樣子。傳說之一，是有一位天神因為不喜歡猢猻樹而將它連根拔起，拋出庭園，倒插落在地上的泥土裏繼續生長。

非洲一直都被視為人類的起源地，而最古老的人類遺骸，也的確是在非洲撒哈拉沙漠以南的地區找到的。

　　非洲的許多民族依舊生活在原始狀態。男人用弓和塗了毒藥的箭打獵，女人則負責捕魚、採集野果和草藥。他們懂得如何加工木頭和動物的骨頭，卻始終不會製作石器。

　　在這些民族中，有居住在赤道地區的俾格米人，他們個子矮小，身高平均少於一百五十厘米。有生活在肯尼亞和坦桑尼亞之間的馬賽人，還有馬里的多貢人。如果你能親眼見到多貢人生活的地方，一定會目瞪口呆！因為他們的村莊建在陡峭的山壁上，人們通過攀爬木梯子往返自己的家。

俾格米人

馬賽人

多貢人與外星人

每個村落裏都有一個聚居區，在最大的一個家族裏選出一位領袖，稱為合貢。他所住的房子較大，而其他房子則大多是用泥建成，圓錐形的屋頂則是用稻草堆起來的。多貢人因掌握了許多有關天狼星的知識而聞名。然而，他們並沒有望遠鏡，如何能觀測天狼星，獲取知識呢？傳聞那些資訊都是從外星人那兒得來的，而那些外星人，看起來就像是一條大魚。當然，信不信由你呢！

貓頭鷹告訴你

圖阿雷格人是生活在撒哈拉沙漠的遊牧民族，也被稱為「風之子」。他們以單峯駱駝代步，帳篷為家，並通過觀察天上的星星來辨別方向。

面具也是非洲文化的一個重要特產。每個部族都擁有經驗豐富的工匠，他們能用木頭、珍珠、動物皮或是布料，做出巧奪天工的面具。部族不同，面具的形狀和風格也不一樣。例如居住在象牙海岸（即科特迪瓦）的丹人，他們的面具小巧精緻；多貢人的面具特色是形狀細長，有時呈長方形，刻畫一條足有十米長的巨蛇。非洲的面具有些只是遮擋臉部，有些則幾乎連蓋整個身體，呈現出人形，或是動物的形狀。非洲人幾乎都在宗教儀式中使用面具，是相當重要的民族文化之一。在儀式中，他們會戴着面具，隨着鼓聲盡情起舞，那個時候，面具就如被賦予生命一樣。

宗教儀式

製造精美的布匹

護身符

非洲人製造的布匹也享負盛名。織布的工作多在戶外進行，而且往往由男人負責。波格隆（Bogolan）是馬里地區最具特色的布匹。先由男人織出布料，然後女人從葉子或樹皮中提取顏色來染布，把布浸在不同顏色的水漿裏，待布曬乾後，便在布料上畫上圖案。完成品通常會被掛在牆上作裝飾，或用作牀單。除了布匹，非洲人的護身符也是相當精美的，它們通常是用獸骨、動物皮或是金屬做成吊墜，然後掛在脖子上或腰間，用來保佑平安。

貓頭鷹告訴你

非洲每個部落都有自己的圖騰，用來守護它的成員。圖騰的外觀通常是一種動物，對部落成員來說，這是神聖而不可侵犯的。

現在就讓我們立刻出發，去非洲體驗一下吧！請你根據下面的行程說說看。

1 先準備一張行程表，然後把你需要的東西都裝進行李箱。

2 去非洲怎麼能少得遊歷草原呢！你會看到在天然環境中生活的獅子、長頸鹿、大象等動物。

3 你可以去參觀特色的村莊，看看當地人是怎樣生活的。你也可以試試用當地語言向他們打招呼，或是買些喜歡的手工藝品留作紀念。

歡迎你！

4 你可以參加當地部落的節日慶典，欣賞他們的特色舞蹈和音樂伴奏。

5 再去海上的某個小島盡情遊玩。一定有很多驚喜等着你！

6 你還可以去森林探險，要是運氣好，說不定能看見黑猩猩和大猩猩呢！

詞彙解釋

斑鬣狗 一種小型哺乳類動物,會吃腐肉,身上會發出難聞的氣味。

大陸 從地殼浮出的廣闊土地。一般而言,地球上共有七大洲:亞洲、非洲、北美洲、南美洲、歐洲、南極洲和大洋洲。其中歐洲、亞洲和非洲稱為「舊大陸」。

草食性動物 不吃肉、只吃植物、葉子和漿果的動物。

赤道地區 赤道是地球這個球體周長最長的一根圓周線,把地球分成南北兩個半球。在這一地區,氣候終年炎熱,而且經常下雨。

熱帶雨林 熱帶地區獨有的生態系統,這裏的動物和植物種類相當豐富。因為季節變化不明顯,加上降水量充足,所以這裏的植物長得特別茂密。

望遠鏡 裝有特殊鏡片的工具,鏡片具有極強的放大功能,適合觀察距離遙遠的物體,例如星象。

阿拉伯人

你知道下面圖畫裏的是什麼建築嗎？它是蘇丹艾哈邁德清真寺，坐落在伊斯坦布爾，是蘇丹艾哈邁德一世在十七世紀時下令建造的，堪稱優雅與和諧的完美典範，旁邊有尖頂的柱子，稱作尖塔。宣禮員（Muezzin）會站在尖塔上，呼喚信徒前來禮拜。對阿拉伯人來說，清真寺可是舉行禮拜的重要場所。信徒以用額頭碰地的動作來向真神表達敬意。

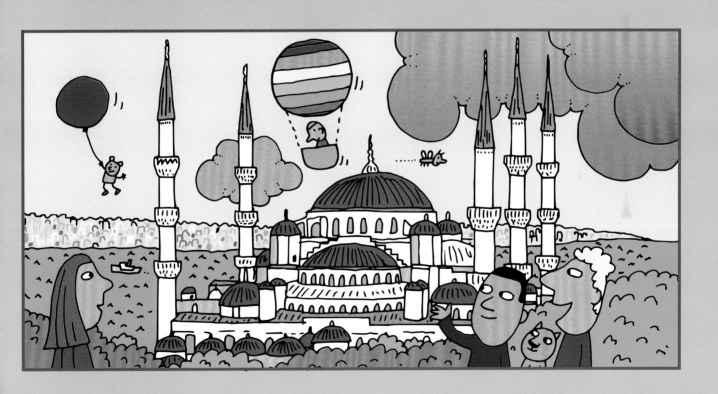

你想了解更多關於阿拉伯這個國家嗎？趕快翻到下一頁看看吧！阿拉伯的神秘面貌就讓你來揭開。

阿拉伯人的文化與宗教，是與先知穆罕默德的形象緊緊聯繫在一起的。

　　穆罕默德於570年在麥加出生。610年，當他前往希拉山洞靜修時，看見了神奇的幻象。天使加百列第一次出現在他的面前，並為他帶來了神的啟示。此後，穆罕默德將自己聆聽到的這些教誨記在《古蘭經》裏。這本書也因此成為穆斯林的聖典。《古蘭經》中記載了許多傳奇故事，而它所傳達的最重要的資訊，就是這個世界上只有一個神，那就是真主阿拉。因為有了這本聖書，一個全新的宗教 —— 伊斯蘭教，就此誕生了。

閱讀《古蘭經》

穆罕默德被逐出麥加

可是，有些人並不願意信奉這個全新的宗教。事實上，在穆罕默德開始傳誦《古蘭經》後，他和他的追隨者就遭到了這些人的迫害。於是，在622年的時候，他們不得不從麥加逃到了麥迪那。這一年，是穆斯林紀元的開始，也就是他們的元年。在穆罕默德去世以前，阿拉伯半島的大多數居民都成為了穆斯林（即伊斯蘭教信徒）。此後，伊斯蘭教又遍布了西班牙西部和中國，而麥加也成為了一座聖城。

貓頭鷹告訴你

在《古蘭經》宣揚的眾多教義中，包括「五功」：唸、禮、齋、課、朝。五功是穆斯林需要奉行的五個義務。分別是吟誦清真言、日常禮拜、施捨、齋戒，以及一生中至少有一次到麥加朝覲（粵音緊）。

伊斯蘭教不僅是一種宗教，還是一門重視規則和傳統的生活哲學，吸引了眾多信徒。這些人原本來自不同的國家和階層，說不同的語言，擁有不同的傳統。然而，在信奉了伊斯蘭教之後，他們逐漸融合成了一個單獨的民族，從此擁有了共同的文化和歷史。

從公元七世紀開始，阿拉伯人的領地從阿拉伯逐漸擴張到北非、亞洲還有西班牙，並在所到之處留下了許多見證，例如清真寺和澡堂（也就是用來放鬆身心的溫泉浴室）。這些地方和習俗也成為了當地歷史和文化的一部分。

阿拉伯人還在意大利留下過他們的足跡。827年，他們到達了西西里島，對當地的文化與藝術產生了相當深遠的影響。

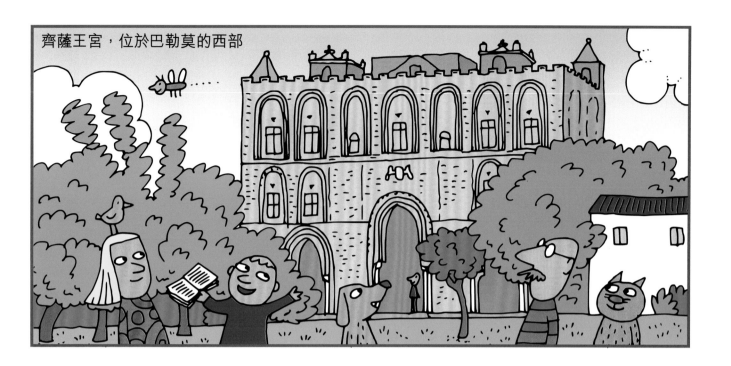

齊薩王宮，位於巴勒莫的西部

　　直到今天，當你在西西里首府巴勒莫散步的時候，依然能見到許多阿拉伯風格的建築，例如齊薩王宮，它是國王在夏天時居住的宮殿。

　　裝飾花紋是阿拉伯建築的一大特色。這種花紋由阿拉伯書法和幾何圖案組成，用來裝飾宮殿和清真寺，向觀賞者傳遞和諧的美感。正因為阿拉伯宗教禁止繪製人物肖像，所以才會發展出這樣精巧的裝飾。

貓頭鷹告訴你

　　在西班牙格拉納達，矗立著一座雄偉的阿拉伯宮殿——阿蘭布拉宮。它的字面意思是「紅色的城堡」，因為建築外牆使用了紅色的沙岩。這座宮殿規模宏大，在它內部可以容納下好幾座清真寺、學校，甚至是商舖！

阿拉伯人最重要的節日是齋月。在齋月期間,穆斯林必須在黎明到日落的這段時間裏禁食。等到禁食結束,他們自然會用豐盛的美食好好慶祝一番!這其中一定少不了古斯米(即蒸粗麥粉,類似小米)。它是一種用粗麵粉製成的食物,蒸過之後,再和蔬菜或肉一起食用。

此外,在孩子出生的最初幾天,人們也會舉行特別的儀式。孩子剛呱呱落地,大人便會在他耳邊低聲誦念禱告。村裏的女性會聚集到這戶人家,把孩子的母親當作公主一樣,照顧一整個星期。接着,父母會為孩子舉行「取名儀式」,邀請親朋好友到家中聚會,進行禱告,然後盡情起舞,直到第二天清晨。孩子的名字就在這一系列的慶祝活動中正式宣布。

齋月

麥加朝覲

天房

任何一位穆斯林，一生中至少要前往麥加朝覲一次，那兒是伊斯蘭教的宗教聖地。

到達麥加後，朝覲者必須按逆時針方向繞着天房轉上七圈，接着要在附近的兩座山頭之間往返七次，最後，還必須徒步二十五公里左右的路程，抵達阿拉法特山。那是穆罕默德最後一次講道的地方。

貓頭鷹告訴你

穆斯林禁止信徒食用豬肉和飲用酒精飲料。

有些食物，例如甘蔗、稻、菠菜、柑橘類水果（柚子、檸檬、橙），還有各種香料，例如肉桂、丁香、肉豆蔻、小豆蔻、生薑和藏紅花，都是阿拉伯人會使用的傳統食材。其中小豆蔻與肉桂，再加上核桃、杏仁和開心果之類的乾果，就成為製作甜食的主要材料。所有這些食材都能在當地的市集買到。這些熱鬧的市集永遠瀰漫着香料的氣味。五顏六色、琳琅滿目的商品更是讓人流連忘返。

在市集漫步的時候，你很容易看見抽長煙筒的男人。水煙裝置十分奇特，由一個水瓶、一根軟管和一個小爐子組成，爐子上燃燒的，是具有芳香氣味（例如蘋果）的煙草。

抽長煙筒的人

甘蔗　生薑　藏紅花　稻　肉豆蔻　小豆蔻　肉桂　菠菜　檸檬　柚子　橙　丁香

　　阿拉伯人是了不起的學者。他們把許多科學知識傳入了西方，例如風車和水車的建造方法。此外，在數學、醫學、煉金術（一門和魔法有關的古老科學）、占星術等各個領域，他們也都取得了許多重大突破。

　　在西方，阿拉伯的醫學家伊本‧西那（Avicenna），以及思想家伊本‧魯世德（Averroes）都是享有盛名的人物，他們的研究成果也備受關注。此外，穆斯林也創辦圖書館和公共學校，其中以西班牙科爾多瓦的大學最為有名。

貓頭鷹告訴你

在一些伊斯蘭國家，例如沙地阿拉伯，女性必須穿着長袍，裹住全身，外出時還得戴上面紗。而在另一些國家，例如敍利亞，女性的穿衣方式則和西方人十分相似。

現在就讓我們立刻出發，去阿拉伯體驗一下吧！
請你根據下面的行程說說看。

① 先準備一張行程表，
然後把你需要的東西
都裝進行李箱。

② 你可以試試騎上駱駝，
去沙漠探險！

③ 如果你要參觀清真
寺，請一定記得穿
上長褲或是長裙。
如果你穿了背心或
是短裙，是不能進
去的啊！

④ 你可以坐船遊覽尼羅河，兩岸的風光一定會讓你歎為觀止！

⑤ 當然不少得品嚐當地美食，例如古斯米，還有用蜂蜜和乾果做成的甜點，一定美味極了！

⑥ 最後，一定要去逛逛當地的特色市集。你會發現各種有趣的玩意和傳統工藝，還可以買些留作紀念呢！

穆斯林　這個詞從阿拉伯語的Muslim而來，意思是「順從真神的人」，代表所有信奉伊斯蘭教的人。

阿拉伯半島　一片四邊形的廣闊區域，以浩瀚又乾旱的沙漠和草原地形為主。

朝覲　教徒到聖地進行朝拜的行為。

聖地　神聖之地，多與宗教相關。埋葬着重要人物，或是傳說中發生過奇跡的地方。

講道　為宣傳教義而作的講話。

占星術　這個詞源自希臘語 Discorso Sulle Stelle，意思是「有關星星的話語」，用天體運行的現象來解釋命運。

俄羅斯人

在這個世界上，有一個美麗的國度，名叫俄羅斯，它的首都是莫斯科。行走在莫斯科的大街上，你一定能看見聖瓦西裏大教堂。它坐落在城市中央的紅場，於1555年開始建造，歷時六年完工。

如果你仔細觀察，就會發現教堂的形狀像極了躍向天空的五彩火焰。它是莫斯科的象徵，也是俄羅斯建築的象徵。

你想了解更多關於俄羅斯這個國家嗎？趕快翻到下一頁看看吧！你能欣賞到俄羅斯的奇妙之處！

一直以來，俄羅斯都是一個多民族國家，也就是說，在這裏生活的，不僅有當地土著，還有那些從遠方遷徙而來的人們。

公元六世紀時，來自斯堪地那維亞半島的人，向波羅的海東邊的地區發動了侵略，而當時居住在這片區域的維京人，為了把貿易航線的控制權牢牢地掌握在自己手中，便在沿岸的戰略要點定居下來。於862年，瓦良格領袖留里克（Rurik）建立了諾夫哥羅得城，並興建了一座雄偉的城堡。這就是俄羅斯文明的開始。

留里克和他的繼承者領導了斯拉夫民族多年。據說，斯拉夫人總是唸不出這位維京首領的名字，所以就把他叫做「留」（Ru），把他的手下叫做「留斯」（Rus）。一些人認為，「俄羅斯人」這個詞，就是這樣來的。

維京船

伊凡四世

到了十三世紀，莫斯科貴族手中的權力越來越大。當時的君主伊凡四世 —— 也被稱為「恐怖的伊凡」，是名出色的軍事指揮官。他決定鎮壓貴族，並開拓領土。後來，他成了俄羅斯歷史上第一位獲得沙皇頭銜的人，沙皇一詞來自拉丁語「凱撒（Caesar）」，即領導者。

當時的俄羅斯叫俄國。當伊凡到了成婚年紀的時候，他曾下令俄國的所有貴族將自己已到適婚年齡的女兒送進皇宮。最後抵達宮廷的女子，足有一千五百多名！

伊凡四世送給她們每人一堆珠寶和一條披肩。最後，他選擇了安娜斯塔西婭·羅曼諾夫娜 (Anastasia Romanovna)作為他的妻子，也就是第一位沙皇皇后。

貓頭鷹告訴你

俄羅斯歷史上最顯赫的皇室家族是羅曼諾夫。你是否聽説過有關安娜斯塔西婭·尼古拉耶芙娜（Anastasia Nikolaevna）的神秘故事呢？她是末代沙皇尼古拉二世的女兒。

俄羅斯是前蘇聯最大的成員國，也是全世界面積最大的國家，國土從歐洲一直延伸到太平洋。境內的烏拉爾山脈全長二千多公里，由北向南延伸，將整個國家分成了歐洲部分和亞洲部分。

　　俄羅斯的亞洲部分面積更大，但居住的人口較少。不過這裏蘊藏着重要的金礦和鑽石礦。大部分的居民生活在歐洲部分，那裏有肥沃的農田、發達的工業，氣候也更為溫和。俄羅斯的兩大城市是莫斯科與聖彼得堡。它的河流長度居世界前列，最重要的湖泊是裏海和貝加爾湖。

　　因為俄羅斯實在太大，所以每到夏天，當西部地區的太陽剛剛落山時，東部地區已經迎來了新一天的朝陽！

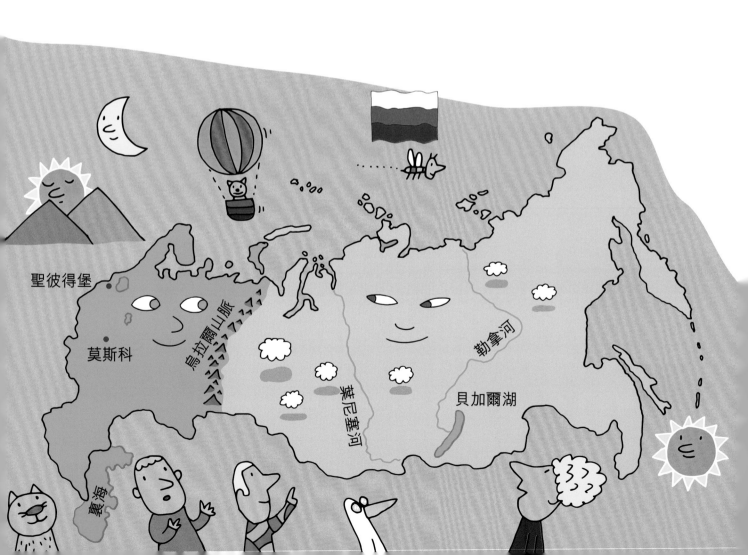

聖彼得堡

莫斯科

烏拉爾山脈

葉尼塞河

勒拿河

貝加爾湖

裏海

生活在針葉林的棕熊

生活在苔原的馴鹿

生活在乾草原的羚羊

俄羅斯地域遼闊，所以這裏的植物和動物種類也相當豐富。北邊有一片苔原，那兒的土地幾乎終年結冰，典型的植被是苔蘚和地衣。另外，你還可以看見北極熊、海象、北極狼、馴鹿和海豹。

廣闊的針葉林覆蓋了西伯利亞的大片地區，最常見的物種是樺樹和楊樹。在這裏還居住着棕熊與猞猁。

俄羅斯最肥沃的土地位於乾草原，它從俄羅斯平原的中部一直綿延到伏爾加山谷。羚羊是乾草原地區的動物代表。

貓頭鷹告訴你

俄羅斯最寒冷的地區位於東西伯利亞。那兒最低氣溫可以平均達到攝氏零下49度呢！

在俄羅斯，許多居住在城市的家庭都擁有一幢「達恰」（dacia），也就是鄉間小屋。

達恰是用木頭搭成的簡易房屋，通常建在湖邊或河邊。人們可以逃離城市的繁囂與忙碌，盡情享受種菜和養花所帶來的樂趣。

在俄羅斯文化中，非常重視人與土地之間的親密關係，而親自耕種每日食用的蔬菜，更是當地家庭的傳統。

俄羅斯桑拿（Banya）是這個國家的另一項悠久傳統，最早可以追溯到維京人的時代。

達恰

冬夜裏的俄羅斯桑拿

薄荷、桉樹與松樹精華

在俄羅斯的**桑拿**浴室裏，你會看見一個火窰，放有加熱的一塊塊石頭。石頭會被澆上水，而在水裏會添加松樹和薄荷的精華液，有時甚至還有啤酒，這樣蒸汽就能把芬芳的香味擴散，瀰漫在整個浴室。人們會進出蒸汽房和冷水池。如果浴室建在室外，人們往往會用雪來代替冷水。

俄羅斯**桑拿**是人們放鬆身心的好去處，也是即將成婚的年輕人喜歡光顧的地方。

Плохой сова

貓頭鷹告訴你

俄語所使用的西里爾字母，源於希臘字母。它是由一名希臘傳教士發明的，而這位傳教士的名字，正是西里爾。

馴鹿的軟骨

　　因為俄羅斯特殊的地理位置，造就了亞洲和歐洲文化互相交流的優勢。單是流行舞蹈和地道菜式，就有很多融合的地方。但不管怎樣，有一些特徵是俄羅斯人與生俱來的，例如幽默感和對外國人的熱情。俄羅斯的菜式，尤其是傳統的湯羹，是以穀物和蔬菜為主，而俄羅斯人每餐都必定要喝湯。此外，他們還製作很多魚料理，例如魚子醬，味道非常鮮美。在氣候寒冷的地區，油脂含量多的菜餚尤其受人歡迎。

　　再告訴你一件有趣的事情吧！在西伯利亞有一個叫鄂溫克族的遊牧民族。他們喜歡吱嘎吱嘎地吃馴鹿的軟骨。

　　俄羅斯最流行的飲料是伏特加（Vodka），這是一種透明的烈酒，還可以用辣椒或是杜松進行調味。俄羅斯人往往會在吃飯的時候喝伏特加，而不是葡萄酒呢！

貓頭鷹告訴你

　　俄羅斯最具特色的手工製品是瑪特羅什卡（Matriosca），也稱「俄羅斯套娃」，由幾個身穿俄羅斯傳統服飾的木娃娃組成一套。這些娃娃的模樣完全相同，只是一個比一個小，可以由大至小地一個套着一個。

現在就讓我們立刻出發，去俄羅斯體驗一下吧！
請你根據下面的行程說說看。

1 先準備一張行
程表，然後
把你需要的
東西都裝進
行李箱。

2 到了俄羅斯，怎
麼能少得城市觀
光呢？無論是宮
殿、大橋還是普
通的建築，都會
讓你驚歎不已！

3 聖彼得堡的冬宮
原是沙皇居住的
地方。那裏的艾
米塔吉博物館也
值得一去。

4 坐船遊覽伏爾加河一定也是不錯的體驗。你可以在船上盡情欣賞鄉間的美景。

5 你要去貝加爾湖看看啊！那裏的景色實在優美！

6 找一間餐館品嘗當地的特色美食，一定讓你回味無窮！

詞彙解釋

維京人　來自斯堪的納維亞半島的民族，是天生的探險家、戰士和商人。在八世紀末到十一世紀期間，曾對歐洲的許多沿海國家發動過襲擊。

斯拉夫民族　所有說斯拉夫語的民族。他們從東歐向外遷移，最後到達了中歐地區和巴爾幹半島。

地衣　源於真菌和藻類的生物體，外表為不同顏色的斑點，通常生長在岩石或樹皮上。

針葉林　歐洲大陸的典型地貌，尤其出現在寒冷地區和高緯度山區。雲杉是針葉林的重要組成部分。

魚子醬　用鱘魚的魚卵加工而成，由許多柔軟的小顆粒組成，非常美味。

杜松　一種常青灌木，葉子像刺針。因為結出的果實氣味芳香，所以常被用作香料，增加菜餚和烈酒的香氣。

 # 中國人

　　1974年，幾位農民在挖掘水井的時候，發現了約八千個陶造士兵的模型，它們排列有序、隊形整齊，而且他們的神態不一。堪稱考古歷史上最為轟動的大事之一。它們就是秦始皇兵馬俑。

　　這些士兵，連同戰馬和戰車，其實都是秦始皇的殉葬品，與他同眠在陵墓裏。秦始皇是一名偉大的皇帝，在公元前三世紀時統一了中國。此外，他下令建造長城。這座圍牆長達八千八百公里，而它的主要作用，是抵禦北方邊境民族的入侵。長城和兵馬俑是中華文明最重要的象徵。

你想了解更多關於中國這個國家嗎？趕快翻到下一頁看看吧！讓我們一起追尋祖先留下來的文化！

　　大約五十萬年前，在中國的這片土地上，發現人類的遺跡。不過，中華文明的開端，卻始終籠罩着一種神秘的色彩。傳說有一位黃帝，他的妻子叫嫘祖。嫘祖教會了人們用蠶吐出的絲來織布，而中國人加工絲綢的千年傳統，就是這麼開始的。

　　黃帝被認為是中華文明的創始者，也是中國傳說中的五位皇帝之一。傳說他的宮殿建在崑崙山上，是一條橫越在新疆和西藏之間的山脈，也是百神所在的地方。

中醫

這座建在崑崙山上的宮殿，是中國許多重要傳統的發源地。根據傳說，是黃帝創立了道教，而他自己，也成為了道教中的始祖。他確立了武術的最初形式，奠定了中醫基礎，甚至還發明了文字和音樂。

貓頭鷹告訴你

在中國神話中，動物的地位舉足輕重，並具有不同的含義。例如中國龍，它象徵力量，往往是英雄和天神的坐騎；仙鶴代表智慧，而蝙蝠則象徵好運與幸福。

中國位於亞洲東部，是世界上人口最多的國家。它的首都叫北京。這片廣闊的土地幾乎包含所有地形，而且各個地區的氣候特徵也截然不同。南方地區覆蓋着大片的熱帶雨林，而在內蒙古，則生長着類似苔原的植被，新疆則有世界十大之一的塔克拉瑪干沙漠，最西邊的山區則以乾旱的草原為主。由於這種巨大的環境差異，所以在中國居住的動物種類也特別豐富，在針葉林山區生活的有麋鹿和亞洲黑熊，而亞熱帶樹林則是各種鳥類、熊貓、金絲猴和華南虎的王國。

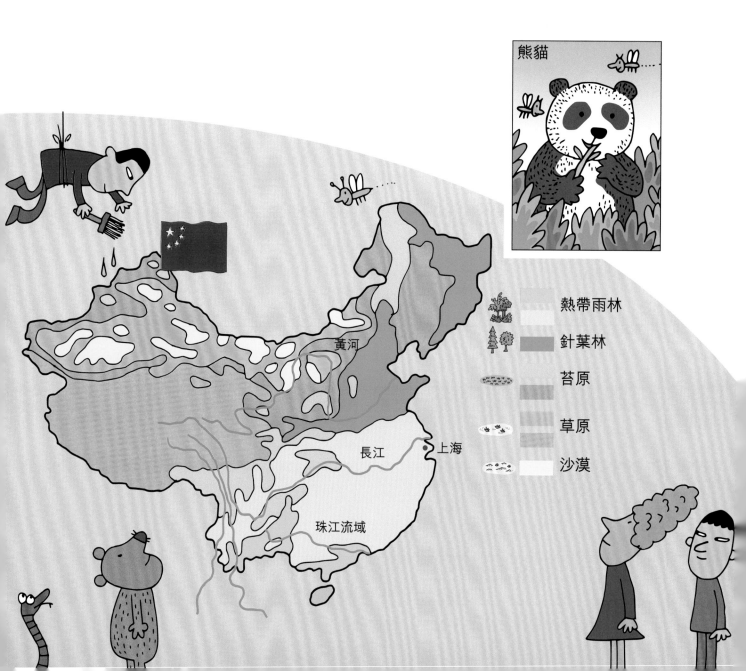

熊貓

黃河

長江　●上海

珠江流域

熱帶雨林

針葉林

苔原

草原

沙漠

珠江沿岸

　　中國還分布着許多河流，最重要的三條是黃河、長江與珠江，它們都發源於西部的青藏高原，而長江更是亞洲最長的河流。要知道，河流與湖泊在中國一直都扮演着舉足輕重的角色，因為它們是珍貴的水源，有利於農業和海上交通的發展。

　　洞庭湖是中國的第二大淡水湖，也是一個重要的自然生態區，在那裏你能找到稀有的野生動物，例如長江江豚和中華鱘。

貓頭鷹告訴你

　　地球上最高的山峯就矗立在中國境內。它叫珠穆朗瑪峯，海拔約八千八百五十米，屬於喜馬拉雅山脈。這座山坐落在中國與尼泊爾的邊境。

現在就讓我們來看看中國人的生活方式吧！中國傳統住宅的代表一定是北京的四合院。顧名思義，就是四座房子把一個院子圍在中間。院子寬敞又明亮，人們除了種植花花草草外，通常還會種菜。在四合院的大門前，你能看見一對石獅雕像，那是用來辟邪的。走進院子之後，你又能聽見蟋蟀在籠子裏歌唱。在這座四合院裏，住着一整個大家庭，每幢房子之間都由走廊連接。四合院是個寧靜又愜意的地方，可以讓人們遠離都市。

今天，隨着現代風格的建築和摩天大樓的興起，中國的城市已經和歐洲的都市越來越像。幸好在鄉間，人們依舊能欣賞到那些被保留下來的古老樓房。

北京的現代建築

　　中國的孩子在學校學習數學、歷史、地理和文學。不過在剛開始時，最重要的學科是漢語。這可是世界上最難學的語言之一，在口語裏，名詞沒有陰性和陽性的區別，動詞也沒有時態，只是用「了」、「過」或是「昨天」、「明天」這樣的詞加以區分。在書面語中，往往能用一個漢字，就能描述一件人或事，表達想法，當中可以包含很多意思。例如「英勇」的「英」字，表達的是一個頂天立地、敢於擔當的人，那就是真正的英雄。

貓頭鷹告訴你

　　對中國人來說，養蟋蟀就像養寵物狗一樣。蟋蟀生活在精緻的籠子裏，有時主人還會把牠攜帶在身上。

中華美食享譽世界。中國人十分注重飲食健康，所以蔬菜從來都是餐桌上不可缺少的食物。此外，他們愛吃新鮮捕撈的魚，在烹調時就把魚切成了小塊，讓吃的人更容易消化。

由於中國地大物博，不同地區的菜式也不盡相同：北方菜以餃子和麵條為主，南方菜以米飯為主，東部沿海地區以海鮮為主，而西部地區則以香辣食物為主。

無論走到哪裏，中國最常見的飲品一定是茶。中國出產的茶葉，足有上千種，而中國現時生產最多的茶類就是綠茶。

在中國還有許多有趣的傳統節日，例如中國農曆新年，也就是春節。你一定會認識的，對吧？

中華美食

紅包和桔

春節足有十五天長。每到這時，全家人就會團聚在一起。長輩會把壓歲錢放在紅包裏，發給年輕人。另外中國人在過年時喜歡在家中擺放年桔，象徵成功與好運。不過，要說最富特色的慶祝活動，莫過於舞獅了。表演舞獅的人會頭戴獅頭，身披有條紋的布，當作獅身，裝扮成獅子的樣子，然後跟着鈸和鼓的節奏在大街上起舞，模仿獅子的形態和動作。

貓頭鷹告訴你

傳說玉皇大帝與眾神佛召集百獸大會，可是只有十二隻動物出現。老鼠天生敏捷，自然是第一個報到，勤勞的牛是第二個趕到，接着是勇猛的老虎，最後一個到達的是豬，牠還差一點就遲到了！為了獎賞這十二隻動物的忠誠，玉皇大帝就按照牠們到達的次序，用牠們的名字作為農曆年份的名稱。這就是中國生肖的起源。

現在就讓我們立刻出發，去中國體驗一下吧！
請你根據下面的行程說說看。

① 先準備一張行程表，然後
把你需要的東西都裝進
行李箱。

② 你可以先去現代
化的大城市遊
覽，欣賞燈火璀
璨的夜景。

③ 別忘了去看看那
些古老但富特色
的四合院，了解
人們的生活。

④ 「不到長城非好漢」。你不能錯過到長城觀光，見證中國史上的偉大遺跡！

⑤ 然後，你可以去看一看茶園和稻田。茶和米飯可是中國人的主要飲食文化呢！

⑥ 最後，一定要好好品嘗中華美食。拿起筷子，跟好友一起吃頓豐富大餐！

道教 一種宗教，把自然尊為神。它的三大基本原則是「慈」（即要有仁心）、「儉」（即簡樸）和「不敢為天下先」（即要忍讓不爭）。

武術 一種格鬥藝術，以克制與反省作為基本原則，目的是鍛煉身體或防衛。在今天，已逐漸演變為一項體育競技運動。

中醫 將人體看成是氣、形、神統一的一個整體去治理，再通過望、聞、問、切，四種方法探求病因。針灸是中醫學中典型的療法之一，也就是把針刺入人體的穴位，即「氣」流通的地方，透過用針刺激穴位打通氣脈。

亞洲黑熊 一種體形龐大的黑色熊，胸口位置長有白色的皮毛。最重可達二百公斤，愛吃果實。

中華鱘 體形龐大的淡水魚，只可惜已瀕臨絕種。

鈸 一種小型敲擊樂器，會發出尖銳的聲音，由一條緞帶連起兩塊金屬薄板製成。

# 印度人

　　泰姬陵是一座巨大的陵墓，建於1632年間，坐落在印度北部的阿格拉城，是當年沙賈汗皇帝為紀念自己的妻子所建造的，被視為印度最偉大的建築之一，它用白色大理石建造，圓頂設計。陵墓前的水池可以映出泰姬陵的倒影。陵墓的四個角落分別有一座圓柱形的高塔。在建築學上，泰姬陵的對稱之美最為突出。還被評選為「世界新七大奇跡」之一。

　　你想了解更多關於印度這個國家嗎？趕快翻到下一頁看看吧！讓我們一起探索印度的千年歷史！

最古老的印度文獻可以追溯到三千多年前，它叫《吠陀》（Veda），是一部神話、祈禱文和咒語的合集，而這三者，正是印度文化的根基。

根據這本書的記載，宇宙由三神創立，分別是創造之神梵天、保護之神毗濕奴以及破壞之神濕婆。傳說在宇宙創立之初，只有一朵蓮花漂浮在無邊無際的大海上，而梵天，就在這朵蓮花的花瓣間誕生。當梵天醒來時，便決定要創造宇宙。於是，梵天的眼淚變成了大地與天空，舒展的身體變成了日月星辰，身上的汗毛則成了青草和樹根。此外，梵天還從嘴裏吐出了動物。

閱讀《吠陀》

象頭神

除了三位主神，還有其他眾多神靈，有些備受印度人民崇拜，有些則只在小部分地區，甚至只在一個村莊裏被供奉。其中一位深受愛戴的神，名叫「象頭神」，人身象頭，是濕婆和帕爾瓦蒂女神的兒子。在印度人看來，象頭神是他們的保護神。此外，每當印度教教徒的生活有所變化時，例如搬家，也會對象頭神進行膜拜，祈求庇護。

貓頭鷹告訴你

象頭神只有一顆象牙，對此有很多說法。其中一個傳說是這位象頭神飽餐一頓後，騎到一隻大老鼠身上。沿路行走時，老鼠被一條巨蛇嚇了一跳，害得象頭神也跟着摔了下來。看見這一幕，天上的月亮不禁捧腹大笑。象頭神氣得火冒三丈，拔下一顆象牙就朝月亮砸去。從那以後，象頭神就只剩下一顆象牙了。

印度是一個南亞國家，首都位於新德里。它面積遼闊，風光各異。北方生長着大片的針葉林、杜鵑花和高達二十米的玉蘭樹，南方則以棕櫚林和稻田為主。西南部的喀拉拉地區河流縱橫，幾乎到處都種有芒果樹，西北部則有遼闊的塔爾沙漠。在南部的德干高原，你能看見印度最古老的岩石，它們的歷史可以追溯到千萬年前呢！另外，世界上最高的山脈 —— 喜馬拉雅山就在印度的北部。它為許多流經該處的河流提供了水源，其中最大的兩條是恒河與布拉馬普特拉河。

老虎

獅子

雪豹

水牛

鸚鵡

黑豹

犀牛

眼鏡蛇

野豬

獵豹

印度象

猿猴

　　印度的沿海地區有一片茂密的雨林，生長出竹子、柚木，還有檀香木。在沼澤平原地帶，則覆蓋着一望無際的叢林。

　　在印度生活的動物有很多，例如老虎、獅子、雪豹（因瀕臨滅絕而受到保護）、黑豹和獵豹這類貓科動物。亞洲象居住在喜馬拉雅山坡上和德干高原的森林深處。犀牛、水牛、羚羊和各種猴子的數量也不少。你還能看見不同種類的蛇，尤其是有毒的眼鏡蛇。在鳥類中，最為常見的是色彩斑斕的鸚鵡和孔雀。

貓頭鷹告訴你

根據印度憲法，印度現時有二十二種官方語言，加上地方方言，印度語言多達約一千六百種！

廟宇是印度最典型的建築之一。這是一個神聖的地方，所有印度人的宗教生活都圍繞着它。廟宇被視為神靈的宅邸，在內裏供奉着眾神的雕像。參拜時，信徒會獻上花環、水果和其他祭祀物品。

印度的廟宇總是沿河或沿湖而建，因為在印度人的心目中，水是神聖的。

每天早上，在印度最重要的河流 —— 恒河的台階上，成千上萬的印度教教徒都會朝着太陽升起的方向叩拜磕頭，然後用手捧起恒河水，一邊祈禱，一邊將水灑向空中。

恒河

夜間亮燈的邁索爾皇宮

　　拉賈斯坦邦是印度最大的邦。這裏坐落着由高牆圍起的雄偉城堡，是印度皇室的華麗宮殿。以前的君主常常在城堡裏舉辦奢侈的聚會。傳說拉姆納格爾以前的堡主，他在兒子結婚的時候，舉辦了一場盛大的派對，還讓婚慶隊伍不停向空中揮灑金幣。而他本人則得意地騎在大象上。後來，這些壯觀的宅邸變成了酒店，只有在節日或特殊活動時才會使用。

貓頭鷹告訴你

　　在拉賈斯坦有座克勒妮·瑪塔女神的神廟，是老鼠生活的地方。在印度某些地區，老鼠會被視為神聖的動物。因人們認為，老鼠也是虔誠的信徒。

你有沒有嘗過印度菜呢？為了讓食物更鮮美並增加香味，印度人經常使用香料，特別在烹調咖喱的時候。此外，不同的地區和不同的宗教背景亦會影響人們的飲食習慣和口味。印度虔誠的佛教徒和印度教徒都是素食主義者，他們的菜式以蔬菜為主，經過清炒或燉煮之後，和米飯一起食用，有時配上乳酪或芝士等。根據傳統，印度人一般都用手吃飯，尤其是在南方地區。不過有一點非常重要，那就是只能用右手！因為在他們看來，左手是不潔淨的。印度人吃麵包時，會把麵包撕成一小塊後，當作湯匙般舀起咖喱。印度的特色甜點有糯米球、胡蘿蔔布丁和杏仁奶糕。印度人也喜歡喝茶，任何時候、任何場合都少不了它。他們會把牛奶和糖煮沸，有時加入小豆蔻這種香料，讓味道更芳香。

　　印度人還有許多傳統的節日。每逢節日，印度女性便喜歡在手上畫上各種彩繪圖案。

在手上畫上圖案

印度人的飯桌

新郎

在印度，最熱鬧的場合應該是婚禮了。它一般會持續整整三天三夜。按照習俗，新郎會騎着白馬，和迎親隊伍一同抵達新娘家。新郎的傳統服飾是柔滑亮澤的長衫，搭配白色的長褲，以及用金線刺繡的頭巾。新娘則會穿上紅色的紗麗，並佩戴亮閃閃的首飾。

在舉行儀式的地方，會有一個火盆。火盆裏燃燒着用檀香木樹枝生起的聖火。在火盆旁邊還有一個金屬容器，裏面裝有象徵生命力的椰子。新人把米灑入聖火，隨後圍着火盆繞上七圈，便算正式結為夫婦了。

貓頭鷹告訴你

印度的傳統舞蹈，舞者姿態優美，不停擺動着雙手和雙臂。舞蹈內容多是關於傳說、神話或模仿動物。

75

**現在就讓我們立刻出發，去印度體驗一下吧！
請你根據下面的行程説説看。**

① 先準備一張行程表，然後把你需要的東西都裝進行李箱。

② 你可以去參觀一座雄偉華麗的皇室宮殿。

③ 然後你可以去一座印度教的廟宇，親身體驗當地的宗教氣氛。

④ 你可以試試騎大象，
讓牠帶你欣賞風景。
你會覺得很有趣！

⑤ 再去品嘗印度美
食，不過，千萬
別忘記你只能用
右手抓飯啊！

⑥ 最後，試着梳上印度
人的髮型，穿上他們
的傳統服裝。你喜歡
這樣的打扮嗎？

帕爾瓦蒂女神 這個名字的意思是「山的女兒」。她是濕婆的妻子，兩人合在一起，代表婚姻的幸福。

印度教教徒 信奉印度教的人。印度教是世界上最古老的宗教之一，而它的名字源於印度河。信奉這一宗教的人最早就居住在那裏。

柚木 熱帶樹木，能開出白色的芳香花朵，結出可以食用的圓形果實。

咖喱 由黑胡椒、肉桂、香菜、肉豆蔻和辣椒混合而成的香料，有辣的，也有甜的。

小豆蔻 印度最古老的香料之一，製作咖喱時會加入小豆蔻來增加風味。

紗麗 印度女性的傳統服裝，是一塊寬大的布料，從腰部圍到腳跟，然後把末端披在一側的肩膀上。

日本人

　　走在日本的城市裏，很容易就會迷失方向。日本人用水泥、鋼以及鋁這樣的金屬材料，建造了許多摩天大樓和現代建築，尤其是在首都東京。那幢在1989年建造的朝日啤酒大樓（Super Dry Hall），頂部有一個金色雲朵雕塑，是很著名的標記。別以為日本只有現代化的建築，它可是一個歷史悠久而且尊重傳統的國家呢！

　　你想了解更多關於日本這個國家嗎？趕快翻到下一頁看看吧！你會發掘到日本不同的面貌。

日本最古老的宗教是神道教，它的字面意思是「神的道路」。神道教提倡對神，也就是自然精靈（包括風、雨、山、樹、河等）的崇拜。天照大神是最主要的神靈之一，她是太陽女神。據說有一天，女神和哥哥吵架，賭氣躲進了一個山洞。這下子整個宇宙都陷入了黑暗。眾神紛紛請求天照大神出來，可是根本沒用。

　　最後，總算有一位神明想到了辦法：這位神明在山洞旁的一棵樹上掛了一面鏡子，隨後就開始跳起令人發笑的舞蹈來。眾神的笑聲引起了天照大神的好奇。天照大神不禁從山洞裏向外張望。可是，當天照大神看到鏡子裏的自己時，不禁被強光晃瞎了眼。趁她一個不留神，眾神便將天照大神從山洞裏拉了出來，並成功說服她返回了天界。

　　神道教認為，大自然是神聖的。所以，他們的寺廟（稱作神社）往往都建在樹林裏的清靜之地。

天照大神

用於淨化的水池

神社的入口通常設有鳥居，類似柵欄，標誌着從人類世界走向神靈世界。神社由一系列的木製建築組成，屋頂的材質多為稻草或樹皮。神社內部分為兩個區域：正殿是神棲息的場所，往往存有聖物，禁止人類入內；拜殿是信徒參拜祈願的場所。在殿外有一個專用水池，遊客在進入神社前，必須先淨化雙手和嘴。

貓頭鷹告訴你

在日本，皇室被視為天照大神的後裔。據説，天照大神曾把自己的孫子派去日本管理，並賜予他三件神器：一把劍、一面鏡子和一塊玉，從此，天皇便被奉為人間的神。

日本是太平洋島國，位於亞洲東部，日本這名字的意思是「日出之國」。正因如此，日本常常被視為太陽升起的地方。日本是一個羣島，整個國土由四個主要島嶼（北海道、本州、四國、九州）組成，在這四個島嶼的周圍還有約四千多個小島。

　　日本境內有許多火山，其中一些會終年冒煙，但並不活躍，很少才會有一次大規模的爆發。日本的地形以丘陵山地為主，城市主要集中在沿海的平原地區，例如人口稠密的首都東京。日本更是罕見動物的居所，例如巨型蠑螈，牠的身軀最長可達到一米半。

巨型蠑螈

富士山　東京
大阪
長崎
硫磺島
沖繩島

櫻花樹、竹子和盆景

在日本有四千五百多種植物生長，是僅次於芬蘭的綠色之國！

在熱帶地區種植的竹子，竹筍可用作食材，而竹竿是有用的建築材料。

櫻花是日本最具代表性的植物，在初春時綻放。櫻花樹是日本人的聖樹，也是幸福與美麗的象徵。

此外，日本的微型盆景也相當有名。微型盆景即微型樹木，高度不會超過三十厘米。

貓頭鷹告訴你

在世界上最流行的電子遊戲中，有不少可是日本人發明的呢！例如「食鬼」（Pac-man）。1983年創立的任天堂也是一家日本公司，Gameboy就是他們的產品。這是一台小型可攜式電子遊戲機，有很多款遊戲可供選擇呢！

你有沒有見過日本的房屋呢？為了應付炎熱而漫長的夏天，日本的房子都設有寬敞的戶外空間，而室內則有拉門，把房間間隔開來。拉門是用紙糊的，以便陽光能透進屋裏。

在進屋之前，所有人都必須換上拖鞋。屋裏通常鋪有地板或瓷磚，而幾乎所有的房屋都有榻榻米，也就是用稻草編織的蓆子。傳統的客廳裏都有一張矮桌和許多坐墊，而在牆上，你往往能找到書法作品，還有供奉神靈的小架子，神像前的祭品包括清酒、蠟燭和白米飯。

告訴你一件新奇的事吧！在日本，很多房屋都是沒有臥室的。睡覺的時候，日本人會直接把被子鋪在地上。起牀後，則會把它捲起收進櫃子裏。

神棚：供奉神靈的小架子

在日本人的生活中，庭園佔有相當重要的地位，因為它象徵着日本人對自然的熱愛。一座建造完美的庭園，應該有橋、瀑布、石燈，還有清澈得可以倒映景色的湖水，就連樹木的造型也經過設計。此外還有一類園林稱為「枯山水」，一般是指用幼細的碎石鋪地，再加上一些疊放有致的小石子組成的景觀，它們通常坐落在寺廟附近。園內的石頭經過精心挑選，人們亦會用耙在沙礫上畫出紋路。日本僧侶認為，這種特殊的園林能夠營造一種平和的氣氛，有助於他們的苦行與自律。

貓頭鷹告訴你

日本的傳統服飾是和服，男女都穿，尤其是在一些特殊場合或是宗教節日。和服的布料通常是由手工上色，並有刺繡。

相撲被尊為日本的「國技」，參與這項運動的只有男性。在日本，每年都會舉行六次相撲大賽。在比賽開始前，選手們會往土表（環形比賽場）裏灑上一把鹽，算是潔淨場地。參賽選手只穿一條丁字褲，頭髮上則抹了油，還編成了辮子。儘管他們的體形大得驚人，動作卻迅速靈活。雙方身體接觸的時間很短，往往只有短短幾秒。如果其中一方身體的任何部分（除了腳）碰地，或是腳踏出土表之外，就算失敗。在日本，相撲運動員都被當作明星一樣，還經常受邀出席各種活動。在那樣的場合下，他們都會穿着整齊的和服。

　　其他重要的傳統體育項目有柔道、劍道、空手道、合氣道、弓道。這些武術全都歷史悠久。

弓道

　　這些競技，都對平衡、控制、速度和準確度有着極高的要求。劍道起源於武士之間的決鬥，在今天，人們會用竹劍進行比試。弓道，顧名思義，就是使用弓箭的技藝。合氣道的重點是調和自己的氣，破壞對方的氣，利用對方的力量與速度為自己獲得優勢。

　　在這些武術中，除了力量，還需要高度集中的精神，此外還要講求策略。

貓頭鷹告訴你

　　你知道武士究竟是些什麼人嗎？他們是日本戰士，精通武藝。他們手持鋼質材料的武士刀，身穿武士盔甲。

現在就讓我們立刻出發，去日本體驗一下吧！請你根據下面的行程說說看。

1 先準備一張行程表，然後把你需要的東西都裝進行李箱。

2 你可以去觀賞著名景點，然後去品嘗天婦羅、壽司和其他的特色美食。

3 你也可以入住當地民宿。不過，記得要遵守人家的禮儀啊！

④ 別忘了去日本的
特色庭園散步，
欣賞自然與藝術
的結晶。

⑤ 然後，再去看看
被一片大自然美
景包圍的寺廟。

⑥ 如果你有時間，
去觀看一場精彩
的武術表演也不
錯呢！

淨化 用聖水清洗雙手和嘴，以表示對神靈的尊敬。

羣島 島嶼的集合，一般位於公海，很少靠近大陸，有些會有火山。

書法 一種書寫藝術，在亞洲被視為最高雅的藝術形式之一。日本的書法工具主要是毛筆和墨水。

清酒 日本最具特色的酒精飲料，由大米發酵而成，因此也被稱為米酒。

土表 相撲比賽中的環形場地。

策略 在比賽中，參賽者所選用的一系列動作和技術，以取得獲勝機會。

澳洲人

你知道下面圖畫中這塊奇怪的岩石是什麼嗎？用土著用語來稱呼它，就是「烏盧魯」（Uluru），又稱作艾爾斯岩。即使你遠在幾十公里以外的地方，都能看見它。這塊岩石的最大特色，就是它會隨着一天中光線的變化，而改變色彩，從土黃到金黃，從古銅到紫色。在澳洲土著的眼中，這個充滿魔力的神奇地方，是自然界中神靈的居所。

你想了解更多關於澳洲這個國家嗎？趕快翻到下一頁看看吧！這次行程的終站會讓你流連忘返。

澳洲土著認為，在宇宙還沒有形成以前，存在一個「夢幻時期」（Dreamtime）。那時居住着許多精靈，這些精靈的體形異常龐大，長有植物或是動物的模樣。在跳舞、遊戲或是休息的時候，牠們便把自己的足跡留在宇宙中。據說有一天，一條大蛇忽然從地底鑽了出來。牠把土地劈開，創造出山巒和峽谷。今天，這條威力強大的巨蛇依然影響着土著居民的生活，只不過牠變成了彩虹的模樣，被稱為「彩虹蛇」，並充當起雨神和漁民的保護神角色。

彩虹蛇

土著的古老傳說

　　對於宇宙是如何創造出來，不同的土著部落有不同的解釋。這些土著中較為年長的一輩，他們通常會扮演「故事監護人」的角色，將這些神話故事以歌謠的形式傳誦給下一代。聽說有些故事包含了驚天的秘密，只能說給一小部分人聽。而有些故事則只可讓女人或男人知道呢！

貓頭鷹告訴你

　　在1770年，英國探險家和航海家詹姆斯·庫克，在沿着澳洲海岸航行的時候，發現了一大片珊瑚礁，綿延伸展約有二千多公里！

澳洲四面環海，除了主島之外，還有一個名叫塔斯曼尼亞的島嶼以及其他眾多小島。它地處南半球，被印度洋和太平洋包圍。

早在四萬年前，土著就已經開始生活在澳洲這片土地上了。到了約十八世紀，澳洲成了英國的殖民地。現時，澳洲的首都是坎培拉，但人口最多的城市是悉尼。

在澳洲這片陸地上，孕育出獨一無二的動物，例如沙袋鼠和袋鼠，牠們的身體上有一個小袋口，稱為「育兒袋」，會把剛生下的小寶寶放在自己的育兒袋裏保護和哺育。強大有力的腳爪和尾巴，能讓牠們在草原上迅速地跳躍前進。

澳洲野犬
袋鼠
樹熊
負鼠
針鼴
沙袋鼠
蛇
袋獾
鱷魚

鴨嘴獸

澳洲知名動物還有樹熊，牠樣子可愛，長有毛茸茸的耳朵，愛吃桉樹（又名尤加利樹）的樹葉。此外，還有胖胖的袋獾以及可愛的負鼠。在澳洲，你能找到世界上會產卵的哺乳類動物 —— 鴨嘴獸和針鼴。鴨嘴獸形似母鵝，長有四肢；針鼴長得像大刺蝟，身上有鋒利的刺，只是臉比較長。

貓頭鷹告訴你

澳洲的笑翠鳥，牠的叫聲像在哈哈大笑，因為牠這樣可愛，澳洲人便用牠來作國家的象徵之一呢！

　　澳洲的土著很愛畫畫。他們的畫作用處也很多，例如標示不同部族的領土邊界、記錄法律條文，以及歷史事件等。

　　石壁畫是當地土著最早使用的繪畫形式。他們選擇的繪畫地點一般都具有宗教意義。因為空間有限，新畫作常常在舊畫作之上，所以在今天，你也許會看見幾十層畫疊在一起，而它們的歷史，則可以追溯到幾千甚至幾萬年前。

　　土著所使用的顏料由赭石、樹脂、水或其他天然物料混合而成。作畫的工具則是棍子或手指。有時，土著甚至會把顏料含在嘴裏，然後吐出，噴在需要上色的物件表面。

　　土著也喜歡在樹皮或是沙地上畫畫。在他們看來，這樣的方式意味着他們正在跟大自然進行交流。

頭飾

此外，土著也會在回力鏢或其他的手工製品上繪畫，給這些物品做裝飾。直到今天，在參加宗教儀式之前，土著人依然會在身體上畫上具有象徵意義的花紋和圖案，他們還會戴上用羽毛做成的有趣頭飾呢！

貓頭鷹告訴你

澳洲土著所用的特色樂器叫迪吉里杜管（Didgeridoo）。它是一種吹奏樂器，用桉樹樹根做成，長度可以達到四米。

要說什麼是正宗的澳洲菜，恐怕沒有人能有肯定答案，因為在過去的千百年間，許多民族踏足過這片土地，並傳入了各自的習俗與傳統，包括飲食文化。

澳洲人喜愛吃烤肉，還有袋鼠肉和鱷魚肉，口味獨特。此外，澳洲的海是全世界最乾淨的海域之一，所以這裏從來都不缺少美味的鮮魚和甲殼類海鮮。

維吉麥（Vegemite）是當地的特產之一。這是一種深色的醬料，塗抹在三明治或烤麵包上食用。澳洲也盛產多汁的熱帶水果，例如奇異果、石榴、百香果、椰子、李子和無花果。此外，澳洲的葡萄酒也是享譽世界的。

澳洲葡萄酒

維吉麥

不過，澳洲也有一些傳統食品，可能會讓人大倒胃口，例如木蠹（粵音到）蛾幼蟲。這是一種生長在樹根裏的幼蟲，又黏又滑，據說澳洲土著會把牠們生吃！這道菜在農村裏可是大受歡迎。此外，他們還會吃綠螞蟻，通常會用手拿起，然後一口吞下！

貓頭鷹告訴你

你知道澳洲土著都吃些什麼嗎？他們以狩獵為主，會捕獵海龜、蛇、蜥蜴等，還有被鯨魚趕往淺灘的魚兒。此外，他們亦會採摘野果，有時會生火燒烤。

現在就讓我們立刻出發，去澳洲體驗一下吧！
請你根據下面的行程說說看。

1 先準備一張行程表，
然後把你需要的東西
都裝進行李箱。

2 你可以去澳洲遼闊的
草原上盡情遨遊，說
不定還能看到很多有
趣的動物！

3 你也可以去土著
的聖地參觀，欣
賞他們留在石上
的畫作。

④ 你可以去保留着土著文化的地區看看，再買個手工製品留作紀念。

⑤ 然後，再去海邊放鬆一下。大堡礁的景致相當迷人！

⑥ 説到要品嘗當地的美食，怎少得澳洲的特色烤肉和海鮮！

詞彙解釋

峽谷 沙漠地帶中又窄又深的山峽，由河流長期侵蝕而成。

南半球 地球赤道以南的部分。非洲、南美洲、大洋洲和南極都位於這個半球。

桉樹 一種常綠植物，原產地在大洋洲，能夠開出傘形的花朵，隱藏在葉子中間。

回力鏢 一種木製的工具，它的特殊造型是經過專門研究而設計的，目的是使它能夠沿曲線飛行，並回到拋出人的手裏。

甲殼類 頭部和胸部連在一起的生物，身體有甲殼覆蓋。龍蝦、蟹、蝦等就是屬於甲殼類的生物。

百香果 一種植物，原產地在南美洲。果肉香軟，多籽，具有放鬆身心的功效。